我 的 第 一 本 科 学 漫 画 书

升级版

科学实验王

KEXUE SHIYAN WANG

14 岩石与矿物

YANSHI YU KUANGWU

［韩］小熊工作室/著

［韩］弘钟贤/绘

徐月珠/译

21 二十一世纪出版社集团

21st Century Publishing Group

通过实验培养创新思考能力

少年儿童的科学教育是关系到民族兴衰的大事。教育家陶行知早就谈道："科学要从小教起。我们要造就一个科学的民族，必要在民族的嫩芽——儿童——上去加工培植。"但是现在的科学教育因受升学和考试压力的影响，始终无法摆脱以死记硬背为主的架构，我们也因此在培养有创新思考能力的科学人才方面，收效不是很理想。

在这样的现实环境下，强调实验的科学漫画《科学实验王》的出现，对老师、家长和学生而言，是件令人高兴的事。

现在的科学教育强调"做科学"，注重科学实验，而科学教育也必须贴近孩子们的生活，才能培养孩子们对科学的兴趣，发展他们与生俱来的探索未知世界的好奇心。《科学实验王》这套书正是符合了现代科学教育理念的。它不仅以孩子们喜闻乐见的漫画形式向他们传递了一般科学常识，更通过实验比赛和借此成长的主角间有趣的故事情节，让孩子们在快乐中接触平时看似艰深的科学领域，进而享受其中的乐趣，乐于用科学知识解释现象，解决问题。实验用到的器材多来自孩子们的日常生活，便于操作，例如水煮蛋、生鸡蛋、签字笔、绳子等；实验内容也涵盖了日常生活中经常应用的科学常识，为中学相关内容的学习打下基础。

回想我自己的少年儿童时代，跟现在是很不一样的。我到了初中二年级才接触到物理知识，初中三年级才上化学课。真羡慕现在的孩子们，这套"科学漫画书"使他们更早地接触到科学知识，体验到动手实验的乐趣。希望孩子们能在《科学实验王》的轻松阅读中爱上科学实验，培养创新思考能力。

北京四中　物理教研组组长 物理高级教师 **厉璀琳**

作者序

伟大发明大都来自科学实验！

　　所谓实验，是为了检验某种科学理论或假设而进行某种操作或进行某种活动，多指在特定条件下，通过某种操作使实验对象产生变化，观察现象，并分析其变化原因。许多科学家利用实验学习各种理论，或是将自己的假设加以证实。因此实验也常常衍生出伟大的发现和发明。

　　人们曾认为炼金术可以利用石头或铁等制作黄金。以发现"万有引力定律"闻名的艾萨克·牛顿（Isaac Newton）不仅是一位物理学家，也是一位炼金术士；而据说出现于"哈利·波特"系列中的尼可·勒梅（Nicholas Flamel），也是以历史上实际存在的炼金术士为原型。虽然炼金术最终还是宣告失败，但在此过程中经过无数挑战和失败所累积的知识，却进而催生了一门新的学问——化学。无论是想要验证、挑战还是推翻科学理论，都必须从实验着手。

　　主角范小宇是个虽然对读书和科学毫无兴趣，但在日常生活中却能不知不觉灵活运用科学理论的顽皮小学生。学校自从开设了实验社之后，便开始经历一连串的意外事件。对科学实验毫无所知的他能否克服重重困难，真正体会到科学实验的真谛，与实验社的其他成员一起，带领黎明小学实验社赢得全国大赛呢？请大家一起来体会动手做实验的乐趣吧！

目录

人物介绍

范小宇

所属单位： 黎明小学实验社

观察内容：

· 为了学到自己欠缺的理论知识，四处去观摩其他队伍的实验。

· 虽然表面上很少对士元表示关心，但私底下却表现出希望他能够尽早归队的善意。

· 对于总是灰心丧气的刘真给予鼓励，希望他能够重拾自信，并在刘真所属学校参加第二轮比赛时前去加油打气。

观察结果： 虽然科学原理依然不是他的强项，但通过在实验社累积的经验和乐观的天性，总是能够带给周围的人许多正面影响。

江士元

所属单位： 黎明小学实验社

观察内容：

· 每当实验社的同学前来医院探病时，他总是以冷漠、不耐烦的态度对待他们，却为了接下来的实验比赛匆匆忙忙地办理出院手续。

· 因为护士姐姐的误会而感到害羞和不自在。

观察结果： 虽然对待实验社同学的态度依然不是很友善，但始终相信自己永远的归宿依然是实验社。

罗心怡

所属单位： 黎明小学实验社

观察内容：

· 把近来自己学到的矿物和岩石的相关理论，结合丰富而生动的例子，对实验社的同学进行说明。

· 因为护士姐姐的误会而不知所措。

观察结果： 个性极为害羞、内向，但一旦被赋予机会，就能够勇敢独当一面，一展所长。

何聪明

所属单位： 黎明小学实验社

观察内容：

· 无愧于信息达人的称号，对于小宇的过去了如指掌，而且经常在心怡面前——揭露。

· 最近购得一台新的录音机，让小宇感到非常羡慕。

观察结果： 发现小情跟小宇更要好之后，开始陷入绝望。

刘真

所属单位： 久万小学实验社

观察内容：

· 不知道是不是因为缺乏自信心，讲话总是结结巴巴，也因此常受到他人的排挤。

· 因为一场实验中发生的意外事故，和小宇成为好朋友。

· 经常自我提醒，绝不能再犯同样的错误。

观察结果： 从小宇诚恳的劝告和鼓励中重拾自信，并出人意料地解开实验主题之谜。

林小倩

所属单位： 黎明小学跆拳道社

观察内容：

· 拥有一套自己专属的训练方法，就是在比赛前先在脑海里想象对决的画面。

· 在全国跆拳道大赛中，由于小宇在场观战而无法全神贯注比赛，但最终还是赢得比赛。

观察结果： 得知小宇十分欣赏心怡之后，感到万分沮丧。

其他登场人物

❶ 为了黎明小学实验社宁愿放弃梦想的柯有学老师。

❷ 藐视小宇和刘真，最后竟然被人羞辱的太阳小学实验社队长许大弘。

❸ 考古学专家，柯有学的恩师。

第一部 铝罐和铁罐

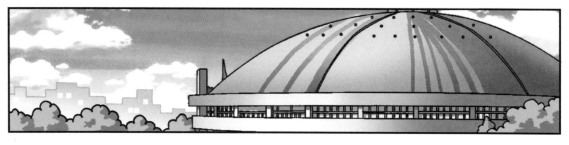

......

士元他……
应该不会有
事吧?

算了,我还是
不要去了,免得
打扰他休息。

犹豫不决

呃?他是……

我觉得这一次真的有点困难。

就如我先前所提的，刚好两件事重叠在一起。

你所谓重叠的事情究竟是什么？你别忘了这可是梦寐以求的机会啊！

是……

什么？你的意思是要退出这个研究团队？

我知道，不过这件事也让我很难放手不管……

老师！我们来了！

咔啦

就算是这样，难道就不可以装在铁罐里面吗？

铁罐不是可以更好地保护吗？

当然不可以。

喔？

你们想想看。铁遇到酸性的碳酸饮料，会不会被溶解？

如果用铁罐来装可乐，不仅喝起来会有铁锈味，久放可能还会把铁罐溶穿，而导致罐身爆裂吧？

有道理！

没错！使用铝罐就不会这样，因为铝有保护膜[1]，可以避免与酸反应！

......

老师！这下子你应该了解了吧？

就是因为这个原因，所以才会把碳酸饮料装在廉价的铝罐里面啦！

注 [1]：在空气中，铝的表面会形成质地细密的薄层氧化物，可以保护内部金属不被氧化或酸蚀。

很好，这下子总算让我解开心中的困惑了。

你解释得非常清楚，但其中有一点是错的。

咦？错在哪里呢？

就是你说铝罐廉价。

事实上，制作铝罐时所需要的生产成本远高于铁罐。

太离谱了吧！

无论是比硬度、比重量还是比强度，铁罐都应该比铝罐昂贵才对吧？

话是没错，况且就拿两者在地球地壳内的贮藏量相比，也是铝多于铁。

但是从矿物中分离出铝的过程更为复杂，所以铝更昂贵。

等……等一下！

您说的矿物……指的是埋在矿坑里的东西吗？

莫非铝和铁都是从石头中提炼出来的？

26

而所谓的矿物，就是在这些无机物里面，在自然界中自然形成且具有均质结晶[1]的固体。

石器时代

青铜器时代

铁器时代

唯有水银属于液体矿物！

矿物不仅给人类的文明带来了莫大的帮助，同时也是区分石器时代、青铜器时代和铁器时代的一个标志。

好厉害哟！

哇！

呼。

嗖呜呜呜呜

在我们的生活中，这些矿物已经被广泛使用。

以铝和铁为例，前者主要作为制造铝罐和飞机的材料，后者作为制造机械等的材料。

石墨	→铅笔芯
铁	→机械、建筑物
铅	→合金材料、焊接、电池
水银	→温度计
银	→镜子、首饰、餐具
硫	→肥料、药品
石英	→半导体、玻璃
铀	→核原料

也就是说，这些矿物都是造岩矿物啰？

不尽然。

在各类矿物中，组成岩石的矿物大约只有二十几种。

辉石

没想到……

石英

黑云母

长石

角闪石

橄榄石

其中尤其以石英、长石、云母、角闪石、辉石、橄榄石最具代表性……

啊……

注 [1]: 结晶，指从饱和溶液、气体或熔融物中凝结出具有一定几何形状的固体(晶体)的过程。在自然环境下，气温的下降和压力的作用都会造成结晶。

心怡这个女孩子，足以媲美岩石中最珍贵的钻石啊！

您是打算这么称赞的对吧？

嗯，这个嘛……

岩石中最宝贵的可是另一样东西呢！

咦？

真有一样东西比钻石还要珍贵？

没错，

我就安排你们亲眼见识一下好了！明天来举办一场户外教学。

哇！太好了！

31

嗒嗒

锵

这应该是我们第一次举办户外教学吧？

我好期待哟！

呼 呼

你可别忘了，这一切可都是拜我所赐啊！

嗯？

拜你所赐？我有没有听错？

拜你的笨所赐吗？

这还用问吗？当然是拜我用罐子解开了老师的疑惑所赐！

发飙

哦，你是要送我礼物吗？

翻来翻去

吱吱吱！

嚓！

啊？

采用不同材质？

采用不同材质？

哎哎

哎哎

你连两者采用不同材质都不懂，还敢这么嚣张！

再怎么说，这一切都是拜心怡……

哇！

抢！

你到底是什么时候开始录下来的？

好酷哟！你说我像不像记者呢？以上是记者范小宇连线报道！

呃！

嘎！

哇啊啊

哎哎哎

以上是记者范小宇连线报道！

还给我！这可是我用生日时领到的零用钱去买的！

我整整存了三年呢！

好羡慕哟！

原来你过生日时还有零用钱可以拿！

啊啊啊啊啊

呼呜呜呜呜呜呜

我过生日时，我老妈顶多为我煮一锅海带汤……

小宇……

如果好吃也就罢了。

海带汤

海带

腌海带

难过

这……这么说，至今……你从来没有收到过生日礼物？

嗯，在我印象中从来没有！

那是因为他这个人老是惹祸。

实验1　寻找石灰岩

我们生活中常见的岩石，按照其生成方法分为许多种类，不同的种类有不同的特征。石灰岩属于沉积岩，是冶金、建材、化工、轻工、农业等的重要原料。

石灰岩到底有怎样的特征呢？现在我们就通过一项简单的实验来认识它的真面目吧！

准备物品： 在不同场所采集的岩石2~3块 、贝壳 、无尘粉笔[1]（可用大理石碎片代替） 、醋 、吸管 、厚纸板

❶ 请先备好在不同场所采集的岩石2~3块和贝壳、粉笔等物品。

❷ 将厚纸板铺在地面上，接着将采集的岩石和贝壳放在上面。

❸ 利用吸管将醋分别在每种材料上各滴一滴。

❹ 此时，对醋起化学反应而产生气泡的，就是主要成分是石灰岩的材料。

注[1]：无尘粉笔的主要成分是碳酸钙，而普通粉笔的主要成分是硫酸钙。

我们把醋滴在贝壳上面时，贝壳上会产生气泡，这是因为贝壳的主要成分碳酸钙遇到酸时会产生二氧化碳。同样的道理，岩石（石灰岩）、无尘粉笔也都含有碳酸钙的成分，一旦遇到醋等酸性溶液时，就会产生二氧化碳。

大理石是由深埋地底的石灰岩在高温高压的环境下所生成的"变质岩"，同样也含有碳酸钙成分，所以大理石碎片遇到酸性物质会呈现相同的反应。

实验2　沉积岩的生成原理

岩石除了由岩浆凝固而形成的"火成岩"外，还有由各类碎石、砂、泥等岩层堆积在湖泊或河川底部而生成的"沉积岩"。而从沉积物经过堆积到最后成为岩石，必须花至少数百万年的时间。在此，我们通过一项简单的实验，探究沉积岩的生成原理。

准备物品：塑料瓶、美工刀、沙子、碎石、糨糊

❶ 先将塑料瓶切成两半。（请家长帮助完成。）

❷ 将沙子和碎石同时放入切成一半的塑料瓶内。

❸ 塑料瓶拿起来，用力摇晃，使沙子和碎石混合均匀。

❹ 将糨糊倒在经过混合的沙子和碎石上。

❺ 利用拳头将沙子和碎石用力往下压。

❻ 静置2~3天后，你将会发现它们已经变成硬邦邦的沉积岩状态。

这是什么原理呢？

因风化作用而破碎的岩石，多半都会变成碎石、沙子、泥等形态，混合着其他生物的遗骸，由风或雨水一起带到低洼地区堆积，成为沉积物。这种过程反复进行，位于底层的沉积物因为长期承受上层的压力，会变得非常密实，再加上溶解在水中的硅酸和石灰质等成分起到了糨糊的作用，使沉积物碎片相互结合，进而使松散的沉积物变成沉积岩。

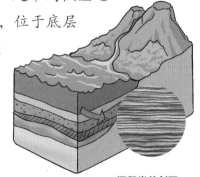

沉积岩的剖面

第二部

明争暗斗友谊赛

搞什么东西啊？你们该不会是拿我来当实验的对象吧？

哇哈哈

嗨！

不，我们是正在等待帮助我们完成这项实验的人。

我们可是等了快10分钟了！

我们正在进行一场比赛。

谁能够在这间实验室里完成最有趣的实验，谁就是赢家。

思考

简单来说，就是一场友谊赛。

友谊赛？谁能够完成最有趣的实验谁就是赢家？

啊，对了！评审！

啊！

不介意的话，你愿意担任这场友谊赛的评审吗？

也好，我们正需要一个公正的第三者。

嗯。

嗯。

首先，将电池和警报器相互连接，并用美工刀割除电线的塑胶外皮。

接着将其中一端连接在呈长方形的铝箔纸上面，

另一端则连接在数个串联在一起的回形针上面。

铝箔纸

接下来，将两根吸管用胶带固定在塑胶板上面，

并将串联在一起的回形针放在其中间位置。

然后，将铝箔纸放在上面，最后摆在门口脚踏垫下面，就大功告成了。

还有啊，记着一定要把它给盖起来，以免被人发现。

你的意思是，一旦有人踩到脚踏垫，

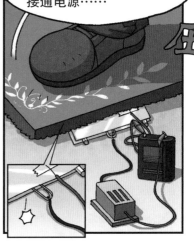

由于吸管会被压扁，使得铝箔纸和回形针相互接触，接通电源……

声音就是这样发出来的！

完全正确！

哇，这玩意儿还真不赖呢！

这可是一项让评审感到非常满意的实验。好，分数是……

这是？

这味道好香哟！

那是我们的实验物品。

那是……

这不是配牛奶当早餐吃的玉米片吗？

嘿

没错。这正是人类最伟大的发明之一——玉米片。

这是 1894 年由维尔·凯斯·凯洛格发明的。

家乐氏玉米片？

对。他一直认为油腻的肉类食物对健康有害，

因而研发了以玉米为主要原料的玉米片。

之后又通过多次的实验，研发出了各种口味的玉米片。

咕噜噜

好想尝一口哟……

目前所生产的玉米片，多半都添加了可以满足一餐所需的营养素！

有的还添加了矿物质铁呢！

惊吓！

1吨

啊？铁？

不会吧，铁可是一种矿物！

矿物质就是矿物啊，你不知道吗？

啊？你说我们平常摄取的矿物质，就是一种矿物？

天啊，看来他是真的不知道呢！

那用来制作铁钉的铁，不就也是矿物质当中的铁质了？

大吼

废话！

他好笨哟！

47

49

没错。由此证明玉米片里确实含有非常微细的铁粉。

而这些铁粉会在胃里经过消化，并以离子状态分解，进而被人体吸收。

铁粉

胃

哦哦

呜嘟嘟

那……那当我的身体缺乏铁质时，就可以吃铁钉来补充啰？

呜嘟嘟

我想你应该知道人体所需矿物质的量 是非常微小的这个常识吧？

评审？

摄取过量很有可能会导致生病哟！

生病？

我……我……

当然知道！

呕

噗噜噜

愣住……

51

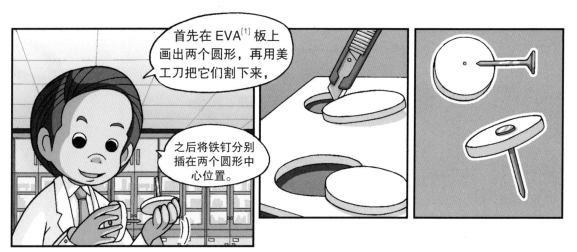

注 [1]：Ethylene-Vinyl Acetate，简称为 EVA。常见的 EVA 产品是拼装地垫，弹性佳，
化学稳定性良好，无毒性。

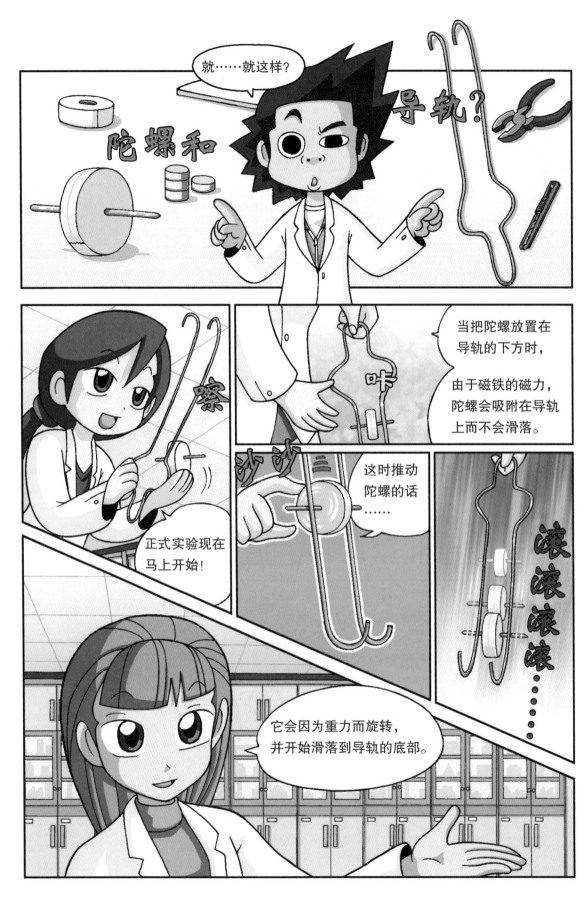

58

注意：动作危险，请勿模仿！

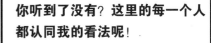

聚集在这里的所有队伍，像极了地层呢！

地层？

一堆像生物的尸体般没有用的沉积物，经过被水冲刷、被风吹散，

一层，

一层，

一层，

沉积物？

堆积而成的地层。正所谓一堆废物堆积而成的地层！

啊？沉积物？地层？听起来还是蛮刺耳的……

可是完全听不懂他在讲什么呢！

发牢骚

发牢骚

改变世界的科学家——詹姆斯·赫顿

詹姆斯·赫顿是英国的地质学家，他对近代地质学的最大贡献，莫过于首创"均变说"：过去一切发生的地质作用都和现在正在进行的地质作用方式相同。所以可通过观测现代正在进行的地质作用，推测古代形成的岩石曾经历的演变过程。

赫顿所处的18世纪是开采煤炭、黄金、银等的矿业极为发达的时代。因此，人们开始进行各类探索矿物的特征和性质的研究，但始终无法从中得知这些矿物或岩石的演变过程。因此，当时的人们比较倾向于相信地球是上帝在大约六千年前所创造的，同时相信地球的表面是由海洋中的沉积物堆积而成的，最主要的原因在于这与《圣经》的解释不相违背。

詹姆斯·赫顿
(James Hutton, 1726—1797)
通过均变说奠定近代地质学基础的地质学家。

然而，赫顿不相信这些理论，他积极到野外寻找关于岩石演变的证据，最终发现地球的中心有火，而地心的火是地震、火山或矿脉存在的原因。后来他将相关论文发表于《爱丁堡皇家学报》的头版。

不过由于赫顿的文字比较晦涩，难以产生广泛的影响，当时的科学家们并没有认同他的主张。直到赫顿去世五年后，他的好友推出了赫顿学说的简写本，并将简写本命名为《关于赫顿地球理论的说明》。这本书后来对查尔斯·达尔文产生了深远影响，达尔文最终提出了"进化论"。

博士的实验室1

石墨和钻石

嚓

石墨和钻石是由相同的元素所组成的!

矿物是由一种或一种以上的元素组成的。

在构成地壳矿物的元素中,占最大比例的是氧和硅。

也就是说,在由石墨制成的铅笔芯上施加适当的热和压力的话,它很有可能会变成钻石!

嘁嘁

助理! 你准备好了吗?

噗噗

是的! 我把整个村庄的铅笔全部搜刮一空了!

锵

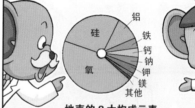

地壳的8大构成元素

元素的种类和结构,是决定矿物的颜色、结晶、硬度等的重要因素,因此当其中任何一项产生变化时,矿物的性质也会产生变化。

石英   紫水晶

+铁→

四十年后

噗噗

嘁嘁

我终于成功了! 赶快把制作方法记录下来,免得忘得一干二净!

锵

此外,在地球上现存的一百多种元素中,组成地壳或人体的元素,仅占其中的一小部分。

博士,您可知因为您的实验,现在石墨变得比钻石还要珍贵吗?

什么? 那要赶紧把钻石再变回石墨啊!

跌倒

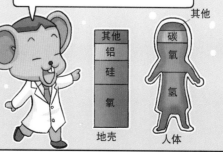

其他   铝   硅   氧

地壳

其他   碳   氧   氢

人体

第三部

那天，许大弘因为做噩梦导致彻夜辗转难眠，最后害得他心情郁闷。

地球的时空胶囊

74

我好喜欢脖子长长的恐龙啊！

啊！蜥脚类恐龙？

这种恐龙属于蜥脚类吗？

嗯！

凡是脖子长、体形庞大的恐龙，就是蜥脚类。

因为恐龙通常是根据骨骼的形状进行分类。

像蜥蜴的骨盘一样，肠骨、耻骨和坐骨呈三向排列方式的话，称为盘龙目！

而像鸟类的骨盘一样，耻骨和坐骨呈平行排列方式的话，就称为鸟龙类！

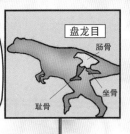

盘龙目

肠骨

耻骨

坐骨

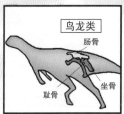

鸟龙类

肠骨

耻骨

坐骨

蜥脚类

兽脚亚目

另外在盘龙目中，利用四只脚行走、脖子很长、体形很庞大的草食性或杂食性恐龙，称为蜥脚类；

而利用两只脚行走且牙齿发达的肉食性恐龙，则称为兽脚亚目。

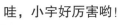

哇，小宇好厉害哟！

等一下，还有一项更令人惊奇的事实。

这表示它确实是一个无人能解的谜!

哈哈哈哈

石化……

胡说八道!我很快就会找出答案的!

只要我活着,我一定会揭开有关恐龙的一切疑问的!

啊,原来如此!

颤抖 颤抖 颤抖

您是打算等人类发明时光机器之后,搭乘它回到六千五百万年前的时空吗?

火冒三丈

你在开什么玩笑啊?地质学家才不会奢望什么时光机器呢!我们可是向岩石要答案的人!

地质学家?

那是指研究地层或岩石的科学家。

我的老师是一位专门研究化石的学者。

原来是一位石头老师啊!

你……你这家伙!

发疯

嘿

等一下，您说向岩石要答案，难道石头也会说话吗？

你真的听不懂？

我看我还是让你亲眼见识一下好啦！

咦？这不是恐龙蛋吗？请问会说话的石头在哪里呢？

没错，我猜你应该是看了这个名牌，才知道这就是一颗恐龙蛋吧？

但假如这颗蛋夹在岩石之间的话，你能够认得出来吗？

这个嘛……

你快去尿吧！

79

燃烧 燃烧

气死我了，一想到就让人生气！

我问你，那家伙该不会对岩石一窍不通吧？

这个嘛……

您就把他当作一张白纸好了。

就连铁是一种矿物质的事实，他也是昨天才得知的呢！

吓

你怎么会落魄到要教一个这么笨的学生呢？

哈哈

喷火

请问……

燃烧

燃烧

燃烧

您所谓的笨学生就是指我吗？

不……不是！是你误会了！

唰啊啊啊啊

也就是说，沉积岩地层并不是一堆废物，

而是一种非常重要的宝藏啰？

啊哈哈！原来笨蛋是许大弘！

哇哈哈哈哈

呵呵呵呵

对啊，大家都是笨蛋！

被传染了。

老师，您是在兴奋什么呢？

啊，我的意思是说，我们要是聪明一点，就能够听得懂化石的语言啦！

我……我……

这……这个嘛……

寻找化石

结果被埋在河流冲刷的沉积物当中，并且在那里面整整待了六千五百万年。

这就是我们地质学者从岩石中得知地球秘密的方法！

哦，我可是听得一清二楚呢！

你说什么？你有话要告诉我？

老师！我也听到了！

小恐龙说，它们在蛋里已经饿了六千五百万年，现在想要吃东西呢！

啊？你……你是说真的吗？

天啊！

是吗？这就奇怪了……

这些细砂叫作海藻酸盐，它具有遇到水之后快速凝固的性质。

牙医印模时最常用的材料，就是这些细砂。

在这些粉末里加入一点水之后，

好，你准备好了吗？

趁它还没有凝固快速搅拌！

啊？

你不要乱动！记着要保持这个姿势！

好……好！

趁这个时候，我去熔化这些蜡烛。

先把蜡烛块放入小烧杯内，

再把小烧杯放入装有水的大烧杯里面……

接着用酒精灯加热。你们应该知道这种方法叫"隔水加热"吧？

小烧杯里面的蜡烛正在熔化！

温度大约达到60摄氏度之后，蜡烛就会开始熔化。

啊！

过了30秒应该就差不多了，你可以把手……

哇啊啊啊

戳

您干吗突然戳人家？

这手印还真是难看呢！

这个东西就叫作模具！

这就好比是一个没有实体而只剩下外形的化石！

啊，我知道了！这是因为内容物腐化而消失，导致最后只剩下中空的印模，对吗？

鱼

鱼模具

没错，在这个模具上面，

加入已熔化的蜡烛。

就像其他种类的沉积物补满空间一样吗？

咔咔作响

答对了！看来应该已经凝固得差不多了！

我们就小心地把蜡烛取出来吧！

哇！

摇晃 摇晃 啪 嚓

利用这种方法将原有物体的形态加以保存的东西，称为铸模。

嚓

就像这样，化石之中不但有遗留生物本体的实体化石，

也有像恐龙的脚印或排泄物一般，只遗留痕迹的遗迹化石。

也就是说，像恐龙的骨骼一样坚硬的东西，会以实体化石的形式留存，但生物活动的痕迹若保留在地层中，则称为遗迹化石！

而只遗留痕迹的，是因为沉积物堆积在其中，进而形成模型。

所以刚才那颗恐龙蛋并不是真正的蛋，而是由恐龙蛋模具内堆积沉积物所形成的模型。

这真的很像我的手呢！

我们来握个手吧！

哈哈哈

嘻嘻

你……

……

是为了他们吗？

我是指让你选择放弃这次机会的原因。

呃……

没错，这就是你的个性……

接下来即将进行全国跆拳道大赛小学组女子队的冠军战。

这场比赛是由黎明小学的林小倩选手对中平小学的……

好，这是一个再度拿下冠军宝座的时刻！

小倩……

你是在睡觉吗？

小倩她正在进行一场模拟训练。

模拟训练？

这是先在脑海里描绘出对决画面的训练方法。

这个方法是她独创的，有助于在比赛前稳定心情并且增强自信。

我……

该怎么办呢？

最昂贵的石头——钻石

钻石是自然界中最坚硬、最耀眼的天然矿物。钻石在公元前7至8世纪于印度首次被发现，并于罗马时代引入欧洲，成为当时皇族和贵族们专属的珍贵宝石。之后人们又发现多处钻石矿脉，并研发出可将光线反射率达到最高点的研磨抛光技术，让钻石的光彩更加闪耀动人，使钻石成为世界上最昂贵的石头。由于钻石在工业、科技及国防等众多领域具有重要应用，所以近来工业用钻石已经开始生产，并被广泛使用。

工业用钻石 钻石不仅有"宝石之王"的美誉，在工业领域也是非常重要的矿物。

钻石的形成过程

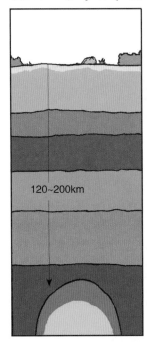

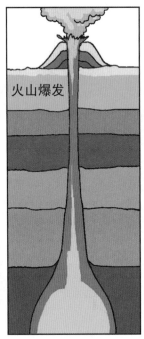

火山爆发

120~200km

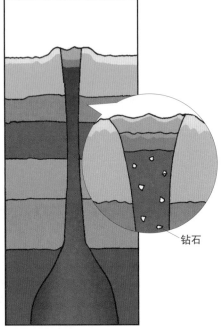

钻石

位于地球深部的纯碳元素，在高温与极高压的条件下结晶成钻石。

当火山爆发时，钻石会夹杂在一种叫作金伯利岩（Kimberlite）的岩石中，一起上升至地表附近。

当火山停止活动时，移往地表附近的钻石便会停留在原地，等待被人们开采。

钻石的原子结构

　　钻石是目前世界上最坚硬的天然矿物。钻石硬度的秘密就在于碳原子的结构。构成钻石的碳原子的结构是正四面体，原子间结构非常牢固。

　　而同样由碳原子构成的石墨，其碳原子排列成六角平面的网状结构，再一层一层平行地堆叠起来，层与层之间的结合力较弱，因此只要施加压力便会破碎。

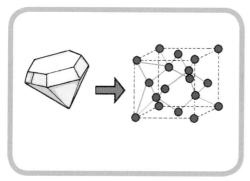

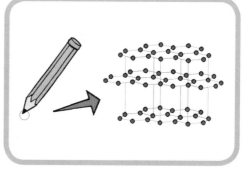

钻石的结构
构成钻石的碳原子间排列规则有序，因而具有强大的结合力。

石墨的结构
主要作为铅笔芯材料的石墨，碳原子是一层层平行地重叠在一起的平面结构，故相对比较脆弱。

钻石的多元运用

医疗器材 在牙科医疗领域中，牙医为了在牙齿的坚硬釉质层钻孔，会使用带有钻石的钻孔机。另外，医生进行手术时，也会使用带有钻石刀片的手术刀。

切削、研磨器材 钻石也用于切割坚硬的石头，或研磨各类矿石（含钻石）。

护目镜与航天飞机的窗户 进行危险作业时保护眼睛的护目镜，以及可以承受高磨损的航天飞机窗户，均用钻石粒子作为表面涂层。

这一天，许大弘把自己最爱的三件内裤摆在眼前，发愁要穿哪一件。

而心情郁闷的许大弘，最后决定穿上自己第三喜爱的内裤。

新的友谊

嘟嘟

小宇！
你没事吧？
对不起！

紊乱

咔啦啦

我没事，不过是小事一桩罢了。你怎么在搬运石头呢？

因……因为所有岩石标本都被其他队伍给占用了……

所以刚才去隔壁实验室借来一些。

捡起

捡起

这么重的东西为什么只有你一个人在搬呢？其他队友呢？

呃！我……我没有让队友们知道！

我只是想助队友们一臂之力……

你……

果然是一个天性善良的人。

咦？

箱子上面贴着岩石名称的标签呢！

可是全……全都散落一地了……

也对。

你把它们归位就好啦！

可是……

我根本无法分辨呀！

我又把事情给搞砸了。现在队友们正等着我回去，这下该怎么办呢？

无法分辨？

我还以为上过精英院的学生什么都懂呢！

就像士元或许大弘那样！

……

我……

不……不过，

哈哈哈

像我这种能够同时兼具帅气、好个性和过人实力的人，可是微乎其微啊！

你的为人比他们两个好太多了！

我……我也这么觉得。

嗯?

我……我为了加入实验社，可是下了很大的功夫……

尤……尤其是对人体结构的研究，一点也不输给他人。

因为它真的很有趣。

哦！

不过，如愿进入实验社之后，我却开始不断惹……惹来一大堆麻烦。

还为此造成我们的队伍遭到扣分……

所……所以我想通过这些事来弥补我的过错……

我会帮你全部归位的。

你就别担心了!

锵 锵

真⋯⋯真的吗?

嚓!

我们先把散落在地上的石头全部放在一起!

嗯。

然后再按长相将石头进行分类!

对⋯⋯对啊!因为岩石的长相

因其形成过程会有所不同!

完全正确!

当然!对于黎明小学实验社的黑马范小宇而言,这只是小事一桩!

分类完成了,现在就来⋯⋯

一个一个观察，并查出它们的种类。

嗯！

一个一个……

……

嗖嗖嗖

好……好！我们开始吧！就这一块！

拿起！

就从长得最丑的这一块开始吧！

这可是在澎湖岛常见的岩石呢！

它叫玄武岩。

是吗？

嗯，玄武岩是岩浆经过冷却而形成的火成岩。

它的表面具有许多岩浆中的水蒸气和二氧化碳经过散逸后形成的小气孔。

而且岩石本身含有很多深色的矿物，因此呈现黑色。

轰隆隆

对……对吧？

呃，真的！

113

好，玄武岩就搞定了！

嚓嚓

这次我们就来找出同属火成岩的花岗岩，好吗？

你的意思是，花岗岩也是岩浆经过冷却后形成的火成岩吗？

所以只要找出形状类似的就可以啰？

不……不……不是！

卷起

是同属火成岩没错，但花……花岗岩和玄武岩的形状是截然不同的。

与在地表凝固的玄武岩不同，花岗岩是在地底深处凝固的。

你见过佛塔吗？就这样联想花岗岩的样貌吧！

因为这种佛塔多半是用花岗岩建成的。

轰隆隆隆

啊！

照你这么说……

应该就是这一块！

长得坚硬又有斑点，像极了这座佛塔呢！

包括它明亮的颜色和粗大的颗粒也和佛塔很像。

没……没错！这就是花岗岩！你……你好厉害哟！

你是怎么找到的呢？

这不都是……

你自己告诉我的呀……

拜我天才般的头脑所赐！

剩下的也交给我吧！

话又说回来，这两个家伙……

长得这么相似，真是让人伤脑筋呢！我相信其中一个绝对就是石灰岩。

刚才我看过在石灰岩中被发现的化石，它的颜色跟这些石头非常接近。

那另外一个肯定就是泥岩。

因为泥岩和石灰岩的质感非常类似。

这未免也长得太相像了吧……

懊恼

我完全分辨不出哪一个是石灰岩，哪一个是泥岩……

这……这是一定的。

石灰岩是由贝壳或珊瑚等石灰质物质结合而成的，而泥岩则是由泥巴凝固而成的。

石灰岩

泥岩

但由于两者外形几近相同，所以很难区分……

但绝对逃不过我的眼睛！

曾经在实验室为了将药品进行分类，我可是运用过石灰岩呢！

稀盐酸（酸性）

石灰岩

产生二氧化碳

只要懂得运用石灰岩遇到酸性时会产生二氧化碳的性质，就能够找出石灰岩。

一闪！

啊，对了！

我想到方法了！

什…… 什么方法呢？

你那里有一瓶稀盐酸吧？

盐酸？

咔咔作响

我…… 我好像有印象呢……

啊！

东翻

西找

稀盐酸

嚓

稀盐酸

我找到了！ 还……还好刚才没有被我弄破。

太好了！你说泥岩是由泥巴形成的，对吧？

与遇到酸性时会产生二氧化碳的石灰岩相比，我相信由泥巴形成的泥岩，就算遇到盐酸也不会起任何反应。

啊！

和盐酸起反应的，就是石灰岩！

啊！哇

噗噗噗噗噗……

现在就只剩下两个了！

我们快要完成了呢！

现……现在只有大理岩和石英岩的位置是空的。

提到大理岩和石英岩……

大理岩　石英岩

这两种岩石

都是其他岩石变质而成的变质岩。

压力

热

改变性质

啊，所谓变质岩不就是地底下的岩石受到高温或高压后，变成不同性质的岩石吗？

闻闻闻

如果是石灰岩的话……

没……没错！因为大理岩是由石灰岩变质而成的，

所以利用稀盐酸就可以找出来！

滴一滴稀盐酸之后……

其中会冒泡的那一块肯定就是大理岩。

滴

紧张

紧张

冒泡 冒泡

滴

寂静

122

124

您说他已经出院了？

什么时候呢？

你们上来的时候没有遇到他吗？

他是刚才下去的，

我想他应该正在一楼办理出院手续呢！

啊！

那我们也去楼下吧？

叮咚

这是您的处方笺。

我不需要拐杖。

士元！

吃惊

啊，原来你在这里啊！

刚才去病房时，听说你正在办理出院手续，让我吓一跳呢！

你怎么又跑来这里呢！

叹气 ・・・・・・・

喷喷喷

对人家客气一点嘛！

她当然是来看自己最好的朋友啰！

我才不是她最好的朋友！

江士元，你别再闹脾气了！我不是提醒过你要保持平静的吗？

难道你希望下半辈子靠拐杖走路啊？

你是在不好意思吗？

哦呵呵呵呵……

您别再闹了！

哦……

现在我才明白，

两个人竟然有这一层关系啊……

您别开玩笑了。

如果这是真的，可是会闹出好几十条人命的。

痛哭流涕

士元支援团

啊，老师……

士元，你现在出院会不会太逞强呢？

你别再哭了。

痛哭流涕

129

原来是你啊，我还以为我看错人了呢！

你还记得我吗？我们在精英院见过面的！

嗯，好……好久不见。

真没想到会在这里遇到你啊！

可见你们队伍的实力还不算太差嘛！

嗯……嗯……

不过你可要做好心理准备哟！

哈哈

因为这一场或许就是你们的最后一场比赛了。

呃……

最后一场比赛……是因为我吗？

不……我一定要相信自己。

哇啊啊啊

哇

132

133

变质岩的生成原理

	实验报告
实验主题	通过花岗岩变成片麻岩的过程，进一步说明岩石的变质原因和变质过程，同时可以比较岩石在变质前后所呈现的特征。
准备物品	❶ 砂岩和石英石　❷ 石灰岩和大理岩　❸ 花岗岩和片麻岩　❹ 黏土　❺ 橡皮泥　❻ 木板　❼ 刀　❽ 放大镜 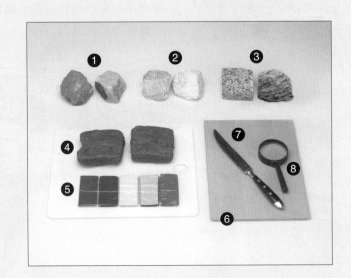
实验预期	岩石受到热或压力会变质，黏土的形状也会因为受到压力而产生变化。
注意事项	❶ 使用岩石时请小心，以免破碎。 ❷ 挤压黏土时，应使压力分布均匀。

实验方法1

一边观察一边比较砂岩和石英岩的颗粒、质感、硬度、颜色等的不同。以相同方法分别观察石灰岩和大理岩，以及花岗岩和片麻岩。

实验方法2

❶ 将黏土用手压平，做成饼干形状，并以相同方法制作相同大小的黏土三块。将亮色系的橡皮泥制作成数个粗吸管形状的长条。

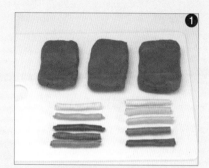

❷ 在第一块黏土上面放置数个橡皮泥长条，以相同方法制作第二层后，将第三块黏土放置其上。

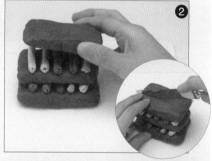

❸ 把完成的黏土用刀子切成两半，在其中一半黏土上面放置木板，并用双手用力往下压。

❹ 将保持原状的黏土和被压过的黏土做比较。

实验结果1

变质前	变质后	不同点
砂岩	石英岩	砂岩的纹路比石英岩更清晰。石英岩的硬度比砂岩更坚硬。
石灰岩	大理岩	大理岩碎屑的颗粒远大于石灰岩碎屑。
花岗岩	片麻岩	片麻岩具有花岗岩所没有的条纹。

实验结果2

木板压过的黏土由于受到压力的影响，呈现往横向被挤压的条纹。

这是什么原理呢?

　　岩石一旦受到热或压力而变质时，就会失去原来的性质，转变成截然不同的岩石。这也使得分别由砂岩、石灰岩、花岗岩变质而成的石英岩、大理岩、片麻岩，与原来母岩的特征有很大差异。如实验2所示，其变质岩之所以会具有条纹，是因为受到压力产生了变形。另外，即使是属性相同的岩石，因其产生变质作用时的温度与压力不同，也会形成两种以上的其他变质岩。

博士……

你不是去附近找化石了吗？怎么这么快就回来了？

生存在地质时代的古生物痕迹或残留在地层中的遗骸，我们通称为化石。

我在门口的树下挖到了这个。

天啊！这是……化石？

化石的形成，可是需要非常长的一段时间。

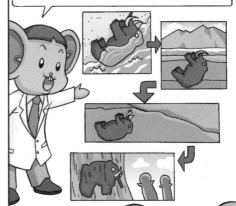

这哪是化石啊？

这是您自己一个人偷吃的鸡骨头！

您怎么可以自己一个人偷吃呢？您太过分了！

我就是怕被你发现，所以埋得很深，结果还是被你挖到了。真是了不起！

因此我们可以通过化石进一步了解过去动植物的形状和习惯，乃至当时的自然环境，所以化石具有非常重要的研究价值。

嗖嗖嗖

第五部

一决胜负

我们先来思考一下关于状态的变化吧！

我……

所谓状态变化，就是物质不改变性质，只改变形状或大小等状态的变化。

就像固体、液体和气体彼此之间改变形态一样。

固体

液体

气体

这么说来，我们千万不能进行会产生化学反应的实验。

因为化学反应不仅能够改变物质的形状或大小，而且能够改变物质的性质。

这么一来，我们能进行的实验就没几个了！

我是说，如果只限于物理变化的话。

我的想法是……

我……

物质的物理变化……

需要施压或加热吗？

没……没错！
我要……

我要听从小宇的建议……

结……

我要……相信我自己！

嘟嘟嘟嘟嘟嘟嘟

结……结晶！

！！

他是说决定了吗？

嗯。

哗 哗 哗 哗

决定？他究竟是决定了什么呢？

他在胡说什么啊，你不觉得他有一点智障吗？

所谓结晶，

是指固体物质以晶体状态从气态、溶液或熔融物中析出的过程。

没错！结晶是在物质由气体、液体或熔融物转为固体时产生的，

因此完全符合"状态变化"。

石英
长石
黑云母
角闪石
辉石
橄榄石

结晶依物质的成分而具有多种形状，并且通过光的折射能够散发出美丽的光泽，

所以非常符合这一次的实验主题。

竟然被你给想到了，刘真，你真是了不起！

没……没有啦……

真是太好了！

不过，不是所有的物质都能够结晶……

所以我们先从实验物品中找找看是否有结晶型物质吧。

呃，那是……

萘丸

149

它是一种呈现从岩浆变为岩石过程的实……实验。

但由于材料取得不易，再加上熔点也很高，所以实验时间也……

听起来不错呢！

嗯？

没错！

你所讲的就是我们在找的实验！

应该会很精彩呢！

虽然我对这项实验不太了解，

我们就姑且相信刘真的话，去试一试吧！

相……相信我？

由我进行？

我们要找的是铋吗？你说这里会不会有呢？

先来找找看吧！

万一找不到的话，到时候再来想想看有没有别的可以替代。

紧张

紧张

紧张

151

注意：萘气体有毒性，现实中做实验时要佩戴护目镜和口罩，最好也戴上手套。

没错。接着等到水温逐渐上升时……

准备好了！

嚓

将装有冷水的圆底烧瓶，

放在装有萘丸的烧杯上面。

好，从现在开始要看清楚哟！

萘丸

怎么还没有熔化呢？

我快担心死了。

这到底会不会熔化呢？

这样下去恐怕会是铁罐先熔化呢！

不！

呼

不不！

不行！

抓住！

现……现在这个罐子可是非常烫的，你千万不……不可以去摸它！

铁……铁的熔点是 1535℃，铋则是 271℃。我猜现在的温度应……应该非常高。

滚烫
滚烫
滚烫

注意：近距离观察最好戴上护目镜。

刘真的话不是没有道理。

经过加热的实验物品千万要小心处理，而且最好戴上手套！近距离观察时戴上护目镜。

把铝箔杯装入其他铁罐内，把熔化的铋倒一点在铝箔杯内，对吧？

刘真你说……

嗯……嗯！

慢……慢慢地经过降温，就会形成结晶。

咦？**真的形成长方体的结晶了！**

接下来，

把剩余的铋液体全部倒进去……

这样就会形成更大块的结晶。

你们觉得如何？这些远胜过一般的金属结晶呢。

等你写完报告书之后，胜利就是我们的了！

好！

你们不觉得萘丸的味道很呛鼻吗？

对，真的很呛鼻呢！

我来把酒精灯熄掉好了。

哦，我来帮你把烧杯移开。

制作铋结晶体

实验报告

实验主题	构成岩石的矿物是由各种元素结合而成的，通过实验进一步了解由元素的排列而具有独特结晶形状的结晶型矿物。
准备物品	❶ 矮铁罐2个 ❷ 石棉网 ❸ 三脚架 ❹ 夹子 ❺ 铝箔杯 ❻ 酒精灯 ❼ 放大镜 ❽ 实验用手套 ❾ 刀子 ❿ 火柴 ⓫ 铋 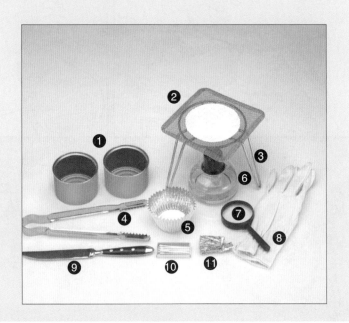
实验预期	由于铋是结晶型矿物，可以观察到由液态转为固态的结晶。
注意事项	❶ 由于铋的熔点高达271℃，因此进行实验时请特别注意，以避免烫伤。 ❷ 进行冷却时，冷却速度应缓慢，以利观察结晶的形成过程。 ❸ 使用刀子时要特别小心，以免被割伤。

实验方法1

❶ 将铋块放入其中一个矮铁罐内，并在酒精灯上方架设石棉网后进行加热。

❷ 当铋经过熔化而呈现液体状态时，将铝箔杯放入另外一个矮铁罐内，接着倒入少许铋溶液并摇晃。

❸ 当罐内铋溶液形成结晶时，紧接着倒入剩余的铋溶液，静待完全冷却后，利用刀子将铝箔纸杯从矮铁罐中取出，并用肉眼观察形成在铝箔纸杯内的铋结晶。

实验结果

当铋溶液逐渐冷却时，会形成立方体形状的结晶，并会以最大的晶体为中心，周围遍布小块的晶体。

这是什么原理呢？

"结晶"是指物质从液态（溶液或熔化状态）或气态形成晶体的过程。当岩浆开始降温时，溶解于地底深处液态岩浆的许多元素，根据其环境组成各种化合物，进而制造出各式各样的晶体。

经过上述过程形成的晶体，便具有这种结晶矿物的固有特征，可以作为分类的标准。铋结晶的形态是立方体，属于立方晶系，而金刚石和砒霜等也属立方晶系。

当天，唯一让许大弘感到欣慰的，就是没有选择穿着第一或第二喜爱的内裤出门。

呼呜……

第三轮的对手

因为味道实在太呛鼻了。

你这是什么借口啊？

就连最基本的注意事项都不懂得遵守，你也未免太不负责任了吧！

所以我就……对……对不起。

?!

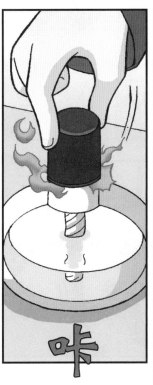

咔

唉……

174

好家伙，你终于办到了！

哎呀！

我果真是个天才。我可是早就料到你们会获胜呢！

他不是刚才在那里很吵……

而且昨天让许大弘难堪的……

那个很奇怪的家伙吗？

应该是吧？

你们果然认得我这个天才啊！

小……小宇是让我们赢得今天这场比赛的最大功臣。

因为有了小宇的加油打气，我们才得以顺利获胜。

183

士元，我来扶你。

咔哒

嗒嗒

没关系，我可以自己来。

你还是小心一点比较好，第三轮比赛就快要到了。

如果我没有记错的话

士元，你来啦！

现在应该已经公布晋级第三轮比赛的队伍了。

啊，今天是第二轮比赛的最后一天吗？

那我们要不要去看一下公告栏呢？

好啊，我也很好奇我们将要迎战哪一支队伍。

啊，说不定小宇早就已经知道结果了呢！他正在比赛会场！

对了，我差点忘记了呢！

这是小宇给你的留言！

你要听好哟！

喂，江士元！

你不会忘了上一次的约定吧？

这……这是小宇的声音！

紧张

紧张

吓一跳！

185

你来看，我们接下来的对手可是连名字都没有听说过的学校呢！

是哪一所啊？

这是怎么搞的？小宇怎么会在那里呢？

我们的对手是谁啊？

我帮你找，久万小学！

嚷嚷

吵吵

呃？

愣住

你听说过黎明小学吗？

1 黎明小学
久万小学
小学

4

黎明小学对久万小学？

岩石的种类

　　地球的地表是由岩石构成的，岩石的用途非常广泛，人类最初的工具、武器、生活用品、建筑物、雕刻品等，大都用岩石制成。岩石不仅带给人类文明重大的影响，更是未来人类生活不可或缺的重要物质。岩石按照其形成原理大致可分为三大类：火成岩、沉积岩、变质岩。

火成岩

　　火成岩由地球内部高温岩浆喷出地表或侵入地壳中冷却凝固而成。依据在地下生成的位置不同可分为火山岩、浅成岩、深成岩三种。火山岩不具有结晶或结晶较小，其种类包括玄武岩、安山岩、流纹岩，深成岩则具有较大的结晶，其种类包括辉长岩、闪长岩及花岗岩等。

火成岩的种类

●火山岩

●岩浆在地面凝固。

●不具有结晶或结晶较小。

玄武岩

通常呈黑色，表层坚硬。主要用于建筑材料。

安山岩

呈深灰色，表层坚硬。主要用于建筑或土木工程。

流纹岩

呈灰白色，带有波纹。成分与花岗岩几乎相同。

●深成岩

●岩浆在地底深处凝固。

●结晶较大且形状较完整。

辉长岩

呈绿色或带有斑点，其成分与玄武岩几乎相同。

闪长岩

呈灰色带有斑点的粗粒组织，成分与安山岩几乎相同。

花岗岩

呈粉红色或灰白色，表层坚硬且华丽。主要用于建筑或装饰用途。

暗 ←————————→ 亮

岩石的亮度

沉积岩

沉积岩是地表上最常见的岩石。地球上已存在的任何岩石受到风化或侵蚀，都会成为岩石或矿物碎屑，再通过流水搬运至海洋，最后在海底沉积。最初的沉积物呈现较松散的状态，但由于沉积物本身的重量，以及后来沉积物的压力，使得位于颗粒之间的水分被排除，空隙减少，沉积物受到压缩而变成岩石，这个过程称为"成岩作用"。此外，碎屑沉积物的空隙中常被颗粒较细的沙、泥或地下水的矿物质填充，使沉积物变得更加坚硬，这个过程称为"胶结作用"。

我要把你们变成沉积岩！

哎呀呀呀呀

砂岩	砾岩	页岩	石灰岩

矿物成分以石英、长石为主，含有各种胶结物，颗粒状组织是它的特征。	由圆形或类似圆形的砾石、沙及黏土胶结而成的岩石。	由黏土或沙粒胶结而成的岩石。质地细密而容易破裂，裂开面常与层面平行且呈薄片状。	主要矿物成分为方解石。质地细密，多为珊瑚、藻类、有孔虫等海洋生物形成。

变质岩

变质岩是指地壳中先形成的火成岩或沉积岩受到地球内部力量的改造而形成的新型岩石。变质岩最主要的特征有两点：一是岩石重结晶明显，二是岩石具有一定的结构，特别是在一定压力下矿物重结晶形成的片理构造。其中最具代表性的岩石包括由砂岩变质而成的石英岩，由石灰岩变质而成的大理岩，由花岗岩变质而成的片麻岩等。

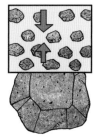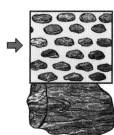

因压力作用产生横向条痕

矿物的分类法

为什么不同的岩石具有不同的颜色和硬度呢？这是因为矿物（组成岩石的基本物质）种类不同所致。人类到目前为止所发现的矿物种类虽然有近四千种，但其中组成岩石的主要矿物仅二十余种，我们将这些矿物称为"造岩矿物"。由于这些矿物各自具有独特的物理性质，从而呈现出不同的颜色、形态、硬度、条痕及解理，因此我们只要懂得利用这些性质，就可以轻易区分矿物的种类。

颜色和形态

矿物的颜色和组成矿物的成分有关，而且含有杂质的矿物因为所含的杂质种类不同，其颜色也会产生变化。所以即便是同一种矿物，也会具有多种颜色。矿物虽然难以用颜色来直接区分，但颜色却可以作为分类的一项依据，例如富含铁或镁的造岩矿物通常会呈现暗沉的颜色。

各类矿物的形态，大致可以分为两大类：第一类是各种原子在三维空间有序地重复排列的结晶型矿物；第二类是内部质点呈无规律的排列，杂乱无章，没有一定的几何外形的非晶质矿物。

硬度

矿物对于磨损和外力所引起的形变的抵抗能力的大小称为"硬度"。矿物硬度的强弱可由比较得知，例如用两种矿物互相刻画，被画出伤痕的就是较软的矿物，也就是"硬度较低者"。德国矿物学家摩斯（Friedrich Mohs）曾制定一种测量矿物硬度的标准，称为"摩氏硬度表"，用这种方法比较矿物的软硬度。经比较后发现，最软的矿物是滑石，定为1度；最硬的矿物是金刚石，定为10度。

硬度	1	2	3	4	5	6	7	8	9	10
矿物	滑石	石膏	方解石	萤石	磷灰石	正长石	石英	黄玉	刚玉	金刚石

摩氏硬度表

条痕

条痕是指矿物粉末的颜色，矿物的颜色和其粉末的颜色常常不相同。同一种矿物的颜色有时也会不一样，但其粉末的颜色总是相同的。例如赤铁矿有黑色，也有暗红色，但是其条痕都是红褐色。查看条痕的方法，是用该矿物的小块在一个白色条痕板上摩擦。但是，条痕板的硬度约为摩氏硬度6.5，所以无法用来观察摩氏硬度7以上的矿物。

心怡，你知道这个矿物的条痕是什么颜色吗？

红……红色。

就像你现在的脸色。

解理

矿物晶体受外力打击时，常沿一定方向破裂并产生光滑平面的性质称为"解理"，破裂所形成的光滑平面称为"解理面"。如果矿物受外力打击后，不沿特定方向裂开，则称为"断口"。

如云母能裂开成片状，方铅矿能裂开成立方体，方解石能裂开成菱面体。因为这些矿物的解理面都有其特定的形状，所以可以作为鉴别矿物的依据。解理面整齐的称为"完全解理"，例如云母；反之则称为"不完全解理"，例如磷灰石。

主要造岩矿物的特征

矿物名	石英	长石	黑云母	角闪石	橄榄石	辉石
结晶形状	六角柱状	厚板状	六角片状	长柱状	短柱状	短柱状、不规则粒状
颜色	无色、白色	白色、粉红色	黑色	黑色、咖啡色	暗绿色	黄绿色
条痕	白色	白色	白色	白色、灰色	白色、透明	白色
解理面	无（断口）	厚板状（两组）	薄片状（一组）	长柱状（两组）	短柱状（两组）	无（断口）

图书在版编目（CIP）数据

岩石与矿物/韩国小熊工作室著;(韩)弘钟贤绘;徐月珠译.—南昌:二十一世纪出版社集团,2018.11(2024.12重印)

（我的第一本科学漫画书.科学实验王:升级版;14）

ISBN 978-7-5568-3830-1

Ⅰ.①岩… Ⅱ.①韩… ②弘… ③徐… Ⅲ.①岩石—少儿读物 ②矿物—少儿读物

Ⅳ.①P583-49②P57-49

中国版本图书馆CIP数据核字(2018)第234068号

내일은 실험왕14: 지질의 대결

Text Copyright©2010 by Gomdori co.

Illustration Copyright©2010 by Hong Jong-Hyun

Simplified Chinese translation Copyright©2012 by 21st Century Publishing House

This translation was published by arrangement with Mirae N Co., Ltd.(I-seum)

through Jin Yong Song.

All rights reserved.

版权合同登记号：14-2011-579

我的第一本科学漫画书

科学实验王升级版⓮岩石与矿物　　[韩]小熊工作室/著　　[韩]弘钟贤/绘　　徐月珠/译

责任编辑	杨　华
特约编辑	任　凭
排版制作	北京索彼文化传播中心
出版发行	二十一世纪出版社集团（江西省南昌市子安路75号　330025）
	www.21cccc.com cc21@163.net
出 版 人	刘凯军
经　销	全国各地书店
印　刷	江西千叶彩印有限公司
版　次	2018年11月第1版
印　次	2024年12月第11次印刷
印　数	71001～77000册
开　本	787 mm × 1060 mm 1/16
印　张	12.25
书　号	ISBN 978-7-5568-3830-1
定　价	35.00元

赣版权登字-04-2018-412

版权所有，侵权必究

购买本社图书，如有问题请联系我们：扫描封底二维码进入官方服务号。服务电话：010-64462163（工作时间可拨打）；服务邮箱：21sjcbs@21cccc.com。